Georges Pouchet

Les Fonctions du Système nerveux et l'intelligence

Étude

 Le code de la propriété intellectuelle du 1er juillet 1992 interdit en effet expressément la photocopie à usage collectif sans autorisation des ayants droit. Or, cette pratique s'est généralisée dans les établissements d'enseignement supérieur, provoquant une baisse brutale des achats de livres et de revues, au point que la possibilité même pour les auteurs de créer des œuvres nouvelles et de les faire éditer correctement est aujourd'hui menacée. En application de la loi du 11 mars 1957, il est interdit de reproduire intégralement ou partiellement le présent ouvrage, sur quelque support que ce soit, sans autorisation de l'Éditeur ou du Centre Français d'Exploitation du Droit de Copie , 20, rue Grands Augustins, 75006 Paris.

ISBN : 978-1977848130

10 9 8 7 6 5 4 3 2 1

Georges Pouchet

Les Fonctions du Système nerveux et l'intelligence

Étude

Table de Matières

Introduction	6
Section I	7
Section II	10
Section III	15
Section IV	22
Section V	31
Section VI	36

Introduction

Il n'y a pas longtemps que les philosophes qui font leur étude des facultés de l'âme ne voulaient rien connaître de ce qui touche à l'anatomie du corps ou aux fonctions des organes, sous prétexte que l'objet de leurs recherches se dérobait absolument à toute autre investigation que celle que peut faire l'esprit en se repliant sur lui-même. Fermer les yeux, regarder en dedans de soi, chercher à voir comment naît et se développe la pensée, était pour eux le seul moyen d'arriver à la connaissance de l'esprit humain. Un d'eux, à la vérité, célèbre entre tous, prôneur de ce système, s'était cependant soucié de prendre le scalpel ; il disséquait, volontiers il visitait les échaudoirs, causant avec les bouchers du voisinage, ce qui fit dire à ses ennemis qu'il prenait plaisir à « voir tuer les pourceaux. » — Ce soin de rechercher dans les organes l'explication des facultés réussit d'ailleurs fort peu à Descartes, et fut complètement délaissé après lui. La plupart des philosophes modernes, si l'on excepte ceux du XVIIIe siècle, ne furent point gens de science. Dans ces dernières années, ils semblent cependant avoir compris qu'ils ne peuvent plus se passer de ces notions positives sur l'organisme que Descartes chercha en vain à se donner, et dans leurs livres ils font à l'anatomie et à la physiologie une place de plus en plus large. Par malheur, la science est vaste, et ne saurait plus être embrassée par un seul homme, s'appelât-il Aristote. Fatalement nos philosophes puisent, comme des écoliers, des connaissances dont ils sentent l'indispensable besoin dans des traités généraux qui toujours sont en retard sur l'état véritable de la science, consigné dans les mémoires spéciaux et les recueils académiques.

Il n'est pas étonnant que les physiologistes à leur tour aient mis le pied sur un terrain où les philosophes ne veulent plus s'avancer qu'avec leur appui. Résolument ils ont appliqué leurs méthodes, même leurs instruments, à la connaissance de l'âme intelligente ; mais il importe ici de bien s'entendre. La physiologie n'a point à soulever, ne saurait soulever les questions de la nature de l'existence de cette cause première qui s'appelle l'*âme* en religion et en philosophie. Ces questions ne sont point de son ressort ; elle les écarte systématiquement, n'ayant pas le moyen de les trancher. Les visées en sont beaucoup plus humbles : elle borne son étude aux manifestations qui tombent sous nos sens, et deviennent par cela même un objet de légitime recherche. Elle ne fait point autre chose au fond que ce qu'a toujours pratiqué la philosophie spiritualiste ; elle le fait par d'autres procédés, par ses moyens à elle, voilà tout. Et si les partisans des systèmes philosophiques les plus opposés restent absolument libres de contester la valeur de résultats qui sont loin, — il faut en convenir de bonne grâce, — d'être toujours définitifs, nul ne peut trouver mauvais que les biologistes à leur tour traitent cette recherche comme toute autre, mettant, la meilleure garantie de leur autorité dans les solutions partielles qu'ils croiront avoir atteintes, Celles-ci ont pris dans ces derniers temps une valeur et une importance inattendues ; des découvertes riches de conséquences ont été faites, des instruments imaginés pour l'étude des facultés, des méthodes nouvelles appliquées. L'étude à la fois anatomique et physiologique du système nerveux vient de prendre un aspect tout nouveau qu'il y a quelque intérêt à faire connaître, les résultats atteints par la biologie intéressant la solution des plus grands problèmes que puisse se poser l'esprit humain.

Section I

Tout le monde sait aujourd'hui que le siège des facultés intellectuelles est le cerveau. Nous sommes élevés avec cette croyance, et enclins par cela même à croire qu'on l'a eue de tout temps. Il s'en faut, et cette notion du rôle du cerveau est de date relativement récente. Des esprits qui comptent parmi les plus grands qu'ait vus l'humanité ont longtemps discuté ce que savent aujourd'hui nos enfants avant d'entrer à l'école. Telle est l'histoire de nos connaissances ; la plus banale, la plus élémentaire, a occupé les veilles des hommes de génie. Le principe de la vie et cet ensemble de propriétés et de fonctions qu'on appela plus tard « l'âme, » avec la respiration, tout cela longtemps » ne fit qu'un dans l'esprit des hommes. Chez les peuples primitifs, où la chasse et la guerre étaient de tous les instants, on s'imagina que le sang était la vie même, et coulait avec elle dans les veines : on la voyait abandonner avec lui le corps du guerrier. C'est ainsi que l'âme des héros d'Homère s'épanche par leurs larges blessures. En Syrie, les mêmes erreurs ont régné de toute antiquité. Les livres mosaïques l'attestent par vingt passages : la vie de la chair est dans le sang, aussi est-il défendu de s'en nourrir ; le chasseur doit soigneusement saigner le gibier, en répandre le sang à terre et le recouvrir de poussière. Cette croyance, survivant dans l'esprit populaire, fit plus tard du sang la liqueur qui signe les pactes, lave l'honneur, atteste les sermons. Pour la biologie moderne, le sang, quoiqu'il soit un liquide vivant dans toute l'acception du mot, n'est plus cependant qu'une des parties les moins hautes en dignité parmi toutes celles dont l'ensemble constitue le corps. Le rôle en est tout passif. C'est une sorte d'aliment fluide qui se répand dans un merveilleux système d'irrigation pour arroser les tissus, portant avec lui les principes nécessaires à leur rénovation, condition elle-même de leur fonctionnement.

Si, laissant les temps d'Homère et de Moïse ; nous franchissons les siècles, si nous nous reportons par la pensée en pleine Grèce, aux jours de sa splendeur intellectuelle, à la fin du IVe siècle avant l'ère actuelle, on ignore encore les fonctions du cerveau ; c'est une sorte de moelle analogue à celle des os. Platon, qui écrit sur ce sujets un traité spécial, place à la vérité dans la tête l'âme immortelle ou divine, mais dans le tronc résident les sentiments, les passions, et autour du cœur errent les songes, « réfléchis sur la surface lisse du foie comme en un miroir. » Aristote croit que tous les nerfs viennent du cœur, et l'école stoïcienne professe que le cœur est le siège de l'intelligence, même longtemps après que la véritable théorie du système nerveux eût été découverte par deux médecins d'Asie. C'est à Hérophile et à Érasistrate que paraît revenir cette gloire. Tous deux vivaient à la cour des successeurs d'Alexandre vers l'an 290 ; tous deux ont donné lieu à l'éternelle légende des esclaves disséqués vivants, c'est-à-dire qu'ils connurent l'anatomie beaucoup mieux que leurs contemporains, et s'efforcèrent de pénétrer le jeu des organes. Leur doctrine sur le rôle du cerveau trouva dans le philosophe Chrysippe un adversaire déterminé. Celui-ci était alors la gloire du Portique : il reprit avec éclat les idées d'Aristote, les précisa, et donna des preuves à l'appui qui pouvaient séduire. Dans la poitrine, pour Chrysippe, réside le *moi*, l'être pensant et sensible. N'est-ce pas là, disait-il, que nous éprouvons le. contre-coup de tout ce qui frappe vivement nos sens ? n'est-ce pas là que nous portons la main en parlant de nous-mêmes et pour nous désigner ? Nous ne l'élevons pas au front. Chrysippe arguait de faits parfaitement exacts, il raisonnait en physiologiste qui ne voit que les effets ; mais, si le cœur bat dans la poitrine à la suite d'une émotion vive, c'est que celle-ci lui est transmise du cerveau par des nerfs trop fins à la vérité pour être alors connus. Hérophile et Érasistrate, qui voyaient au contraire les nerfs du sens de la vue se rendre bien à coup sûr au cerveau et non au cœur, avaient été conduits par l'anatomie à placer là le siège des sensations. Quoi qu'il en soit, l'opinion de Chrysippe, appuyée par le renom du second chef de l'école stoïcienne, et qui avait d'ailleurs l'avantage d'invoquer des faits que chacun pouvait vérifier, domine pendant près de quatre siècles, et nous voyons Galien s'élever contre elle avec ardeur et revenir sans cesse à la charge, ce qu'il n'eût pas fait, si de son temps ces opinions n'avaient point été reçues de tout le monde philosophique, déjà retardataire. Nous pouvons ajouter que même de nos jours elles sont encore de mise en religion, en art, en littérature.

Galien est sans contredit une grande figure. Il vivait quatre siècles environ après Hérophile et Érasistrate. Marc-Aurèle l'eut quelque temps près de lui. L'éducation qu'il avait reçue n'était point faite pour le préparer au rôle de réformateur. Il étudiait à Smyrne sous un vieux professeur du nom de Pélops, qui enseignait que les veines et les artères découlaient du cerveau, et par contre probablement que tous les nerfs venaient du cœur. C'était l'opinion toujours vivace des stoïciens. Galien émit quelques doutes, et Pélops, en admiration devant son élève, professa dès lors que le cerveau était bien, par lui-même et par la moelle, l'origine de tous les nerfs. Plus on parcourt l'œuvre de Galien, et plus on est émerveillé de la somme prodigieuse de faits dont il a enrichi l'histoire anatomique et physiologique du système nerveux ; on peut dire avec assurance qu'elle date de lui. Il attaque résolument toute la secte des philosophes qui font du cœur le siège de l'intelligence, de la volonté et des mouvements. Il soutient que le cerveau est le réceptacle des facultés intellectuelles et des affections de l'âme dirigeante, comme de l'âme elle-même. Il raille un médecin du temps qui, les plaçant dans le cœur suivant la doctrine de l'école, applique cependant à la tête les remèdes qu'il ordonne pour la perte de la mémoire. Pour Galien, le cerveau est le principe de toute sensation et du mouvement volontaire, comme il est le principe des nerfs. Et ce ne sont pas des raisons de sentiment qui décident Galien : ses adversaires ont comparé la voûte du crâne à celle des cieux, et, parce que les dieux habitent celle-ci, ont voulu mettre dans celle-là le domaine de la raison. Galien dédaigne ces arguments, qui n'ont point, dit-il, de valeur scientifique ; c'est aux expériences qu'il s'adresse, et il en fit de fort curieuses qu'on répète encore de nos jours dans les amphithéâtres du Muséum et du Collège de France : il sait mettre à nu le cerveau sur les animaux vivants, il note les parties qu'on en peut enlever sans déterminer la mort, il pratique la section de la moelle, et découvre le *nœud vital* ; il définit nettement le double rôle des nerfs, il les lie ou les coupe, et il voit que les parties situées au-dessous de la ligature perdent à l'instant même tout pouvoir de sentir ou de se mouvoir, tandis qu'au-dessus rien n'est changé. C'est le grand et sérieux début de recherches négligées pendant treize siècles après lui, reprises par Haller, et qui se poursuivent maintenant avec une intensité chaque jour croissante.

Section II

Le système nerveux de l'homme comprend deux séries d'organes : les centres, représentés par le cerveau, le cervelet et la moelle, et d'autre part les nerfs, rayonnant de ces centres dans tout le corps. Les anciens les avaient confondus avec les tendons et les ligaments, parce qu'ils ont le même éclat nacré. Les ligaments et les tendons ne sont que des liens ; les nerfs ont une fonction plus haute : ils mettent en communication avec les centres tous les points de notre être, comme un réseau télégraphique sous le sol d'une cité. On sait, depuis le célèbre micrographe Leeuwenhœck, qu'ils sont formés de filaments fort déliés, réunis en faisceaux plus ou moins gros. Ces filaments, appelés souvent *tubes* par suite d'une ancienne erreur, sont la partie essentielle du nerf. Nous aurons donné une idée de leur ténuité en disant que le diamètre des plus gros n'atteint pas 14 millièmes de millimètre. Beaucoup n'ont que 2 millièmes ou 1 millième de millimètre et moins encore. Les plus ténus n'apparaissent dans le champ des meilleurs microscopes que comme des fils d'araignée sans épaisseur appréciable.

La structure, externe des centres nerveux ne devait être connue que beaucoup plus tard, de nos jours. On savait seulement que le cerveau, la moelle et le cervelet sont composés de deux substances fort différentes d'aspect : l'une grise, un peu rosée, légèrement transparente, l'autre d'une blancheur mate, éclatante, toutes deux également pulpeuses et se laissant écraser sous le doigt comme une bouillie molle. Les anatomistes s'étaient à peu près bornés à étudier le volume, la figure et les contours de ces parties, quand un homme célèbre par ses exagérations de doctrine, mais qu'il faut se garder de juger trop légèrement, le docteur Gall, vint ouvrir à l'étude anatomique et physiologique du cerveau une voie toute nouvelle. Gall, expulsé, de l'université de Vienne comme professant des doctrines dangereuses, avait fait à travers l'Europe un voyage triomphal dont les carrières scientifiques offrent peu d'exemples. Les universités, les corps savants, les municipalités, l'accueillent, on frappe des médailles en son honneur. Il arrive à Paris précédé d'une immense renommée, et sans tarder il présente un grand mémoire à l'Académie. Celle-ci nomme une commission au nom de laquelle Cuvier, peu de jours après, présente un rapport. Il y avait deux choses dans le mémoire de Gall : sa doctrine d'abord, connue de tout le monde, et sur laquelle Cuvier ne se prononce point, et une autre partie tout anatomique, avec des vues sur la structure intime du cerveau, dont le rapporteur fit l'éloge. Gall démontre que la substance blanche est composée d'un amas innombrable de fibres ayant toutes une direction précise, constante, en rapport évident avec des fonctions définies, et qu'il devient dès lors urgent de bien connaître. Ces fibres sont toutes semblables à celles que Leeuwenhœck avait vues dans les nerfs, mais d'une extrême mollesse. Celles des nerfs doivent leur solidité seulement aux enveloppes qui les protègent contre les froissements des organes voisins. Les fibres molles du cerveau mettent en communication l'une avec l'autre des parties différentes de la substance grise, et par conséquent attestent entre celles-ci des rapports directs. Avoir démontré ce seul point suffirait à la gloire de Gall. Il jetait la solide assise sur laquelle la physiologie moderne allait bientôt commencer d'édifier la science positive de l'intelligence : la connaissance de l'anatomie intime du cerveau devenait l'introduction nécessaire à toute étude psychologique. Aussi vit-on les anatomistes, en Allemagne surtout, se lancer résolument dans la voie tracée par Gall. Un d'eux, du nom de Stilling, a écrit sur l'agencement des fibres de la moelle épinière un gros volume de 4,000 pages in-4° compactes. La direction des fibres du cerveau, pour être décrite aussi complètement, demanderait au moins vingt volumes pareils et vingt existences d'homme, et, avant que ce gigantesque travail soit accompli, bien des problèmes peut-être resteront insolubles.

L'assimilation des filaments ou tubes qui composent la substance blanche cérébrale avec ceux des nerfs était un grand point. Ceux-là se dérobent presque absolument à l'expérimentation : comment les aller chercher dans les profondeurs du crâne, où ils sont cachés, sans compromettre la vie ? Sur cette pulpe molle que froisse et que tue le moindre contact, comment appliquer un instrument ? comment isoler un faisceau pour savoir où vont et d'où viennent les tubes qui le composent ? Sur un nerf au contraire, tout cela est clair : les filaments sont tous parallèles, il est facile d'en connaître la destination ou l'origine ; ils sont comme isolés au milieu des organes et facilement accessibles au scalpel sans que la légère opération pour les mettre à découvert en trouble même les fonctions. Déjà Galien, voyant les nerfs se répandre d'une part dans les muscles et se distribuer d'autre part à la peau, à la langue, à l'œil, comprit qu'ils sont tout à la fois le principe du mouvement et du sentiment, qu'ils transmettent au cerveau, siège de l'âme intelligente, les impressions du dehors, et en rapportent l'excitation qui contracte les muscles. Tout cela n'était certainement pas bien clair dans l'esprit du médecin grec, mais comment ne pas l'admirer quand on voit douze cents ans plus tard Descartes et Haller reprendre la science au point même où l'avait laissée Galien ?

A toutes les époques, les doctrines philosophiques sur la vie se sont plus ou moins ressenties des théories régnantes en physique. C'est une influence presque fatale, et dont la biologie ne s'est jamais affranchie. Nous verrons les découvertes modernes sur la permanence et la transformation des forces invoquées aujourd'hui dans l'explication des actes nerveux. De même le grand débat entre les partisans de l'ondulation et ceux de l'émission pour expliquer les phénomènes lumineux eut son contre-coup dans la physiologie des nerfs. Les uns voulurent y voir une simple vibration ; les autres, Descartes du nombre, défendaient un système qui se rapproche davantage de l'émission : les « esprits animaux » s'écoulent par les tubes nerveux, soulevant dans leur course de « petites peaux, » des soupapes véritables, comme ferait un liquide. Haller se crut obligé de réfuter ce grossier matérialisme physiologique, où Galien lui-même n'était pas tombé ; mais au temps de Haller l'optique était délaissée, l'électricité était à la mode : donc il y eut un fluide nerveux comme il y avait un fluide électrique, un fluide magnétique. L'analogie toutefois était ici presque justifiée. Les phénomènes nerveux, par plusieurs points, offrent une ressemblance frappante avec les phénomènes électriques, si bien que, pour rendre compte des uns, le mieux est presque toujours d'invoquer les autres, mais la ressemblance est tout extérieure, et il n'y a, quant à la nature propre à leur « essence, » aucune identité. Qu'on n'aille point imaginer que les physiologistes ne voient dans le cerveau et le système nerveux qu'une sorte d'appareil de physique : on leur a prêté assez d'hérésies de ce genre pour qu'ils aient le droit de se prémunir à l'avance contre elles. Ils invoquent l'exemple de l'électricité pour rendre compté des phénomènes nerveux, absolument comme le physicien lui-même invoque la théorie positive des vibrations des corps pondérables pour expliquer les phénomènes lumineux par les vibrations supposées d'un prétendu éther.

Une découverte due aux physiologistes allemands est venue dans ces derniers temps simplifier considérablement l'étude du rôle des tubes nerveux en dénonçant une illusion dont on avait été jusque-là victime. Quand une glande sécrète, nous voyons le liquide s'écouler ; quand un muscle agit, nous le voyons se raccourcir. Nos sens jugent directement que ces organes entrent en fonction. Dans les nerfs, rien de tel, et nous ne devinons l'effluve mystérieuse qui court en eux que par les effets qu'elle produit en dehors d'eux, et, comme tantôt c'est une sensation et tantôt un mouvement, on crut à des qualités différentes dans les deux sortes de nerfs. On pensa même avoir trouvé, — preuve nouvelle de cette différence de nature, — certains poisons, tels que le curare, qui tuaient les tubes moteurs et laissaient vivre les sensitifs. M. Schiff et M. Du Bois-Raymond, dont les grosses invectives ne nous empêchent point d'estimer la science, ont démontré par des expériences extrêmement délicates que tous les filaments nerveux sont en réalité des conducteurs *indifférents*, comme les fils électriques reliant divers appareils dans un cabinet de physique. Les nerfs moteurs sont ceux dont l'effluve agit sur un muscle, et les sensitifs ceux dont l'effluve toute pareille arrive jusqu'à notre sens intime. Si les effets diffèrent, c'est seulement en raison de la différente nature de l'organe influencé, de même que le courant électrique semble changer de nature suivant son action : ici il aimante un barreau de fer, et là il détermine une étincelle, ou contracte un muscle, comme s'il était à la fois vie, aimant, lumière. Et pourtant, malgré des effets si divers, la nature du courant dans le fil n'a pas varié.

L'importance de cette découverte, qui peut sembler assez étrangère aux recherches psychologiques, est cependant considérable, puisqu'elle simplifie tout à coup, de moitié l'étude des fonctions du cerveau. Le rôle de cette masse de substance blanche qui en constitue la moitié nous est désormais connu. La fonction en est simplement de transmettre d'un point à l'autre du cerveau des incitations dont nous aurons à rechercher l'origine, mais dont l'appareil récepteur seul déterminera la nature. Nous pouvons ajouter que cet appareil récepteur est toujours un amas de substance grise, qui est donc la partie importante, celle dont il faut rechercher la fonction.

La substance grise, pas plus que la blanche, n'est une gelée informe. Elle a une organisation : elle est composée de petits corps que les anatomistes appellent des *cellules*, munis dans leur milieu d'un noyau dont la forme rappelle un œuf microscopique. Cette cellule envoie de divers côtés une foule de prolongements qui se divisent, se ramifient et s'enchevêtrent dans tous les sens. Les uns deviennent si minces, qu'ils finissent presque par échapper à l'observation ; les autres vont se continuer avec les tubes mous de la substance blanche, et cette union atteste d'une manière encore plus évidente, si c'est possible, combien Gall avait raison quand il proclamait que le premier point était de bien connaître les connexions qui relient entre elles les différentes masses de cette substance grise, où il avait parqué, par une sorte d'intuition malheureusement trop téméraire dans ses déductions, nos facultés, nos aptitudes, nos sentiments divers. La substance grise est bien réellement la partie essentielle du système nerveux. Elle est, — tant qu'elle reste vivante, — le siège de l'intelligence, de toute science et de toute conscience, aussi bien que des passions qui nous agitent et des erreurs qui nous bercent. La sagesse du monde et les plus violentes extravagances, tout vient d'elle : elle est le terrain où germent les idées, se développent les plans, se bâtit l'avenir. La psychologie tout entière n'est que l'étude des fonctions de la substance grise ; mais, tandis que les anciennes philosophies dans leurs conceptions avaient à peine une lacune, et nous donnaient toutes une théorie complète de l'intelligence, les biologistes, il faut le reconnaître, sont bien loin d'être aussi avancés. Tout au plus jusqu'ici ont-ils pu saisir quelques bribes isolées de l'ensemble, quelques chaînons épars d'une inextricable trame. À la vérité, les résultats dont leurs efforts ont été couronnés ne sont pas faits pour décourager la recherche, et l'on pourrait plutôt s'étonner des conquêtes accomplies, tant elles sont riches de promesses et de progrès à venir.

Section III

Le seul moyen pour ne point s'égarer dans toute investigation scientifique, qu'elle porte sur le monde matériel ou sur celui de notre conscience, est de procéder du connu à l'inconnu. Une science est fondée du jour où un fait, quel qu'il soit, est bien établi. C'est un point d'où l'on part ensuite pour de nouvelles découvertes, jusqu'à ce qu'on en ait trouvé une autre plus large. Or un fait nous frappe tout d'abord, un fait incontestable dans l'étude de l'intelligence : il est bien certain que le sentiment que nous avons du monde extérieur, que l'ensemble de nos *perceptions*, pour parler le langage physiologique, sont distincts de ce monde extérieur, puisqu'il est en dehors de nous, et qu'elles sont en nous. La chaleur dégagée par un foyer a sur notre main évidemment la même action que sur tout autre corps ; mais la sensation que nous éprouvons est évidemment différente, ce n'est plus du calorique. On a dit que nous voyons le monde à travers nos organes : ceci est vrai en ce sens qu'ils nous font voir un monde tout différent de ce qu'il est en réalité. Il est certain qu'ils nous donnent une traduction sans qu'il nous soit possible, dans beaucoup de cas, de discerner en quoi elle est incomplète ou inexacte. Le monde tel que nous le voyons est en nous, non-seulement distinct de la réalité, mais, jusqu'à un certain point, purement, imaginaire, création de notre système nerveux. Un exemple fera comprendre la différence. Une corde tendue vibre ; que les vibrations soient ou non rapides, la main approchée de la corde la sent très bien osciller. Si le nombre des vibrations dans une seconde est peu élevé, soit de quinze environ, le toucher seul est affecté, et donne la sensation des mouvements de la corde. On peut admettre que notre sens intime a dans ce cas la traduction fidèle du fait matériel dont la corde est le siège ; mais que le chiffre des vibrations augmente, nous éprouvons tout à coup une sensation nouvelle, toute différente, et qui s'ajoute à la première, la contrôle en quelque sorte. Le doigt, sur la corde continue de sentir les vibrations ; mais celles-ci, communiquées à l'oreille, y produisent un effet tout autre : un son. Et cependant l'oreille a été physiquement ébranlée par les mouvements de l'air, comme les doigts le sont par ceux de la corde ; l'impression sur les organes est de même ordre, la sensation diffère. Si la première est la traduction exacte de ce qui se passe en dehors de nous, la seconde existe toute en nous, et n'a rien de réel : un mouvement mécanique recueilli par l'oreille devient une perception sonore. C'est là une de ces transformations du mouvement qu'il faut ajouter à celles qu'étudie avec tant d'ardeur la physique. Il y a un équivalent nerveux du mouvement, comme il y a un équivalent mécanique de la chaleur. On voit toute l'importance de ce grand fait physiologique, qui relie ainsi les perceptions intimes du moi aux grandes lois du monde physique. Cette transformation, méconnue de tous ceux qui ont étudié jusqu'en ces derniers temps la théorie de la musique, avait jeté dans leurs œuvres une confusion dont la science n'est sortie que depuis qu'elle a su faire de l'ancienne acoustique deux parts : l'une, qui étudie les mouvements vibratoires des corps, la théorie des instruments, et qui n'est en réalité qu'une partie de la mécanique, — — l'autre, qui s'applique aux perceptions musicales elles-mêmes, la théorie de l'harmonie de la voix. Cette science a reçu un nom, c'est l'*acoustique physiologique*. L'autre peut être étudiée par un sourd-muet ; celle-ci exige une oreille sensible comme celle d'un Rameau ou d'un Helmholtz.

On voit où nous conduit tout cela. Ce monde, qui nous paraît plein de bruit et de clameurs, est silencieux, muet comme la mort. Tout s'agite, tout vibre autour de nous, mais dans un absolu silence. Pour devenir des sons, il faut que ces mouvements trouvent une oreille où frapper, un système nerveux qui les transforme. Des paléontologistes, plus poètes que versés dans la connaissance de la vie, ont essayé de peindre les continents aux premiers âges du monde, avant l'apparition de toute vie, pleins des éclats du tonnerre, du mugissement des vagues » de la voix des volcans. Hélas ! tout cela est fort beau, mais fort peu physiologique. La foudre elle-même est muette tant qu'il n'y a pas une oreille que les vibrations de l'air impressionnent. Le monde a été silencieux tant qu'un système nerveux comme le nôtre n'a point existé.

L'exemple offert par l'oreille est certainement le meilleur qu'on puisse donner, parce qu'un autre sens, le toucher, vient en quelque sorte nous éclairer sur l'illusion acoustique ; mais il est probable que la vue, comme l'oreille, ne nous donne aussi qu'une traduction plus ou moins exacte du monde lumineux, et que les couleurs spécialement n'existent pas plus en dehors de nos sens que les sons musicaux. Par malheur, nous n'avons plus ici, comme pour l'oreille, un moyen de contrôle dans le toucher. Tout ce que l'on peut supposer avec quelque vraisemblance, c'est que le fait matériel extérieur que l'œil transforme en sensations lumineuses doit être à peu près de même nature que celui qui produit sur la peau ces autres sensations connues comme étant celles du froid et du chaud.

Il n'y a rien d'extravagant à supposer que d'autres planètes sont habitées par des êtres raisonnables comme l'homme ; mais, si leurs organes sont différents, — et il y aurait beaucoup de chances pour qu'il en fût ainsi, — ils voient et conçoivent certainement le monde tout différemment que nous. La vie peut être chez eux régie par les mêmes lois. Ils peuvent même avoir un cerveau tout pareil au nôtre, et cependant avoir du même monde extérieur une conception tout autre, dépendant des organes qu'ils ont pour recueillir et transformer les impressions du dehors. Même autour de nous, quand nous voyons chez les animaux des organes semblables aux nôtres, nous pouvons avec quelque vraisemblance en induire qu'ils voient, entendent, odorent, ressentent le chaud et le froid comme nous-mêmes ; mais aussitôt que les organes destinés à nous donner ces sensations disparaissent ou deviennent méconnaissables, nous n'avons plus aucune idée de l'étendue, ni de la nature des impressions qui frappent leur système nerveux. Il n'est nullement certain que les insectes chez lesquels on n'a point sûrement découvert d'oreille entendent. À la vérité, plusieurs, comme le grillon, semblent s'appeler par une musique rythmée, un son aigu les fait envoler ; mais nous ignorons s'ils perçoivent ces ébranlements de l'air comme sensations acoustiques, à la manière, de notre oreille, ou simplement comme sensation tactile par des organes d'une délicatesse spéciale, à la manière d'une feuille légère ébranlée au loin par le bruit d'un pistolet, Nous savons que les insectes sont sensibles à la lumière ; mais la nature de cette sensibilité est pour nous un problème. Il est fort peu probable en tout cas qu'ils perçoivent avec leurs yeux à facettes l'image des objets extérieurs comme celle que nous donne notre œil, tout différemment construit. Le monde leur doit apparaître tout autre qu'à nous, par grandes masses claires et obscures ; l'abeille distingue probablement fort mal les élégants contours de la fleur dont elle suce le miel.

Cette transformation des forces naturelles en actes nerveux a toujours pour siège un amas de substance grise, ne fût-il composé que d'une seule cellule nerveuse. Est-il nécessaire d'ajouter que, quand même nous parviendrions à déterminer rigoureusement le siège de cette transformation, le fait en lui-même reste pour nous l'inconnu. Ce mot « transformation » est un à-peu-près. Les termes font nécessairement défaut pour des actes incompréhensibles, invérifiables, et dont nous avons seulement conscience. Quoi qu'il en soit, et même en faisant large la part de notre ignorance sur ce point, on peut dire que tout le fonctionnement du système nerveux, toute la vie intellectuelle se résume dans ces deux actes : transformation par la substance grise, transmission par les tubes nerveux. Un nerf excité à une extrémité communique cette excitation à l'autre extrémité, où elle revêt un caractère nouveau et purement nerveux. Cet acte à son tour en provoque plus loin un second distinct du premier, et ainsi de suite. Chaque impression du dehors est le commencement d'une série d'actes physiologiques se succédant de place en place dans le système nerveux, comme les ressauts d'une cascade, sans cesse modifiés et s'enchaînant dans un ordre spécial. Ceci est très net dans la moelle épinière, où les physiologistes ont pu déterminer de la sorte jusqu'à trois étapes successives de l'action nerveuse trois fois transformée.

Les nerfs du corps ne montent pas, comme le croyait Descartes, jusqu'au cerveau. Les impressions extérieures ne sont donc pas toutes directement transmises au siège même de l'intelligence. Les nerfs finissent à la moelle, dans un amas de substance grise, relié lui-même à son tour au cerveau par d'autres tubes. Dans cette substance grise, les impressions du dehors subissent une première transformation : elles deviennent ce que les physiologistes appellent aujourd'hui *sensations inconscientes*. Ceci peut très bien être établi par l'expérience ; mais les observations faites sur les décapités sont encore plus décisives. Sur ce tronc mutilé, les perceptions dont le siège n'est qu'à la tête sont bien certainement abolies ; or, si l'on vient à piquer le bras pendant sur la table, le bras se retire brusquement. Ce mouvement plus ou moins désordonné a pour origine une sensation inconsciente éveillée dans la moelle : c'est cette sensation inconsciente de la moelle qui, transmise au cerveau chez le vivant, y devient, par une transformation nouvelle, perception consciente. Il ne paraît point qu'aucune impression extérieure faite sur nos organes puisse tout d'abord être perçue sans avoir au préalable subi une ou plusieurs de ces transformations qu'on ne peut révoquer en doute pour les nerfs du tronc, et que l'anatomie nous démontre exister de même pour les sens reliés, comme l'œil et l'oreille, d'une façon plus directe, au moins en apparence, au cerveau.

Cette sensation inconsciente de la moelle qui se propage ainsi jusqu'à la tête, où elle devient perception, est en même temps transmise et transformée dans la moelle même d'une autre manière en cette incitation motrice qui a donné lieu au mouvement du bras chez le supplicié. La réalité est que chaque amas de substance grise, chaque centre de transformation est relié de tous côtés à une infinité d'autres centres avec lesquels il est en communication plus ou moins active, et qu'il influence plus ou moins. Le système nerveux peut être comparé dans son ensemble à un prodigieux réseau télégraphique. Les dépêches de la frontière à la capitale sont transmises par la voie la plus directe ; mais de chacune des stations intermédiaires elles peuvent être lancées dans différents secs, et même revenir vers le point de départ. Seulement la comparaison est incomplète, car nous supposons que le télégramme restera le même dans sa course, tandis que l'effluve lancée à travers les conducteurs de la substance blanche et reçue par la substance grise se modifie, se transforme, change en quelque sorte de nature à chaque station qu'elle franchit. Que si l'on imagine le réseau télégraphique qui nous sert ici d'exemple placé tout entier sous une autorité unique, qui en règle suivant sa volonté et en dirige le mécanisme, il pourra, malgré son extrême complication, fonctionner avec une admirable unité, chaque dépêche arrivant à destination par la voie qui convient sans se perdre en route, s'égarer ou dépasser le but ; mais les choses ne se passent pas ainsi dans le système nerveux. Soumis à nous en partie, il est d'autre part librement exposée, toutes les influences du monde extérieur. Si l'on admet que la volonté, sorte de pouvoir central, dirige quand et comme elle veut les ordres qu'elle envoie aux organes lointains, ceux-ci, soumis à tous les hasards, exposés aux circonstances les plus diverses, flattés ou blessés au moment le plus imprévu, lancent à tout instant vers le sens intime, le centre commun, la nouvelle de ces impressions, et ces impressions, parties de çà ou de là, jettent forcément une perturbation quelconque dans le réseau, même l'ébranlent tout entier quand elles sont trop violentes.

À cette première cause de trouble dépendant du milieu où se heurte notre nature, vient s'en ajouter une autre en quelque sorte intérieure, l'état de détérioration ou d'usure des appareils, la santé et la maladie, l'influence de certaines substances qui semblent, comme le café, activer les fonctions cérébrales, ou d'autres qui l'entravent, — autant de causes qui influent à leur tour sur la transmission et la transformation des actes nerveux. La lutte de toutes ces influences si diverses a été connue, étudiée, bien avant qu'on soupçonnât l'explication que nous en donnons aujourd'hui, maintenant que nous connaissons la route suivie dans beaucoup de cas par ces courants multiples qui se combattent ou se contrarient. Le temps que met une impression extérieure pour parvenir à notre sens intime dépend beaucoup de l'*attention* : celle-ci supprime en quelque sorte tous les courants voisins qui pourraient contrarier celui que nous attendons, ou en troubler l'effet. Quand la voie est ainsi libre, la durée qui s'écoule entre l'impression sur les sens et la perception est presque inappréciable ; mais il semble alors que les impressions autres que celles qu'on attend doivent par contre suivre un plus long trajet, ou du moins sont retardées dans leur marche : elles mettent un plus long temps à nous parvenir. Si l'esprit est occupé ailleurs, une brûlure profonde peut se faire avant que nous songions à retirer la main. L'homme qui réfléchit profondément ferme les yeux, afin que les impressions lumineuses du dehors ne viennent point contrarier les transmissions nerveuses intimes qui se font au siège de sa pensée. L'application extrême finit même par éteindre dans certains cas toute perception étrangère à l'objet qui nous absorbe. L'histoire de tous les distraits le montre, entre autres l'anecdote physiologiquement vraie d'Archimède, que la voix du légionnaire ne tire point de son problème.

Entre les courants montants de la moelle et ceux qui partent du cerveau, le conflit est en quelque sorte permanent. Il y a antagonisme, lutte d'influence presque constante entre les deux centres, l'un siège des facultés supérieures qui caractérisent la *vie animale*, l'autre gouvernant les fonctions inférieures de la *vie végétative*. C'est ce que les moralistes ont appelé, d'une expression assez juste cette fois, l'*esprit* et la *chair*. Les seules recherches un peu sérieuses des philosophes sur le mécanisme de nos passions appartiennent à l'histoire, déjà bien souvent faite, de ces rapports du *physique* et du *moral*. Les physiologistes à leur tour étudient cet antagonisme, qu'ils constatent sans d'ailleurs l'expliquer plus que les moralistes ou les philosophes, mais dont ils recherchent le siège précis. Tantôt il arrive que les courants venant de la moelle masquent, contrarient, éteignent ceux qui descendent du cerveau, et tantôt c'est l'inverse. Une piqûre provoque, comme on l'a vu, un double courant, l'un qui monte au cerveau pour devenir une perception, l'autre dont le résultat final est un mouvement de la main ; mais il se peut faire qu'un troisième courant » émané du siège de la volonté au cerveau, annule le second et laisse subsister le premier : c'est l'histoire de ce Romain qui se brûle le poignet devant le Porsenna étrusque. C'est aussi l'histoire de certains martyrs. Chez d'autres, le plus grand nombre, il semble que les perceptions douloureuses soient plutôt éteintes par l'attention vers la couronne céleste qui leur est promise que dominées par un effort de la volonté. L'homme chez lequel les courants nerveux volontaires domineraient tous les autres pourrait être dit l'homme vraiment maître de lui ; mais de telles natures, si elles existent, sont en tout cas fort rares autre part que dans les œuvres des romanciers, qui trouvent toujours là un type aussi peu naturel que séduisant pour les masses. Tous, plus ou moins, nous sommes soumis à cette dépendance un peu honteuse où nos organes tiennent notre esprit. Malgré nous, et quoi que nous fassions, notre cœur bat parfois plus vite que nous ne voudrions, une rougeur souvent menteuse colore nos joues, les larmes nous viennent aux yeux quand nous serions jaloux de cacher toute émotion ; une mauvaise digestion a son contre-coup dans la lucidité de l'esprit, et la tristesse sous l'influence des affections de l'hypochondre n'est pas tout à fait une erreur de la vieille médecine. L'intelligence, la raison, l'imagination, les facultés les plus nobles sont chez l'homme tout a la fois dépendantes d'une foule d'influences extérieures et d'influences occultés non moins nombreuses venant des organes.

Section IV

Toute impression du dehors, tout contact extérieur transformé, comme nous l'avons dit, en sensation inconsciente dans la moelle, doit, pour devenir perception consciente, pour arriver à notre connaissance, être transmis jusqu'en un point du cerveau connu des anatomistes sous le nom de *couches optiques*. L'observation des malades, aussi bien que l'expérience, ne laissent ici aucun doute. La destruction d'une couche optique, fréquente dans les apoplexies, entraîne fatalement l'abolition de tout sentiment du côté du corps avec lequel elle est en rapport. Par des faits non moins irréfutables, on sait que toute volonté transmise aux membres qui l'exécutent part de deux autres amas de substance grise désignés dans le cerveau sous le nom de *corps striés*. L'intégrité des corps striés est nécessaire à l'intégrité de la faculté que nous avons de mouvoir nos membres comme il nous convient. Les corps striés ne sont pas toutefois le siège de l'acte volontaire proprement dit, car l'apoplectique, chez qui ces organes sont détruits, veut encore avancer le pied ou la main, et il ne le peut. Il est seulement probable que l'acte volontaire subit là une première transformation qui en commande plusieurs autres successives dans le cervelet, la moelle, lesquelles aboutissent en définitive à la contraction harmonique des muscles des membres. C'est toutefois l'anatomie seule et l'agencement des filaments nerveux qui nous font supposer qu'il en doit être ainsi, car tous ces actes, y compris l'acte initial des corps striés, sont absolument inconscients, et il nous faudrait encore le deviner avant de chercher à vérifier sur les animaux si nous ne nous trompons pas.

Entre les perceptions dont les couches optiques peuvent être appelées l'organe et l'exécution des mouvements voulus dont le principe est dans les corps striés, prennent place tous les actes nerveux qui ont trait à l'élaboration des perceptions, au dégagement des idées que nous en tirons, aux résolutions qu'elles motivent, c'est-à-dire l'intelligence dans tout ce qu'elle a de grand, de supérieur, de « divin, » comme s'exprime Platon. L'idée que « l'âme » pouvait avoir dans le cerveau un siège précis n'appartient pas aux matérialistes. Descartes décrète qu'elle est logée dans la *glande pinéale*, sorte d'appendice ressemblant à une toute petite pomme de pin soutenue par une mince tige. Ce qu'il y a de plus singulier, c'est que notre philosophe n'a jamais vu cet organe que chez les animaux, des veaux surtout, auxquels il refuse une âme ; à la vérité, il y place une partie de leur mémoire. Nous le trouvons cependant en 1647 à Leyde, assistant à la dissection d'une femme. C'est la seule fois, croyons-nous, qu'il se soit vu en face d'un « sujet, » et ce jour-là il joua de malheur : il ne parvint pas à découvrir la glande pinéale. Un vieux professeur du nom de Vallcher ne fut pas plus heureux ; ce devait être un homme, fort ignorant. Il assura au philosophe que jamais il n'avait pu voir cet organe sur un cerveau humain ; mais Descartes, avec quelque apparence de raison, attribue cet insuccès du bonhomme à l'état avancé des pièces sur lesquelles il faisait ses démonstrations. Peu importait au reste : le philosophe avait depuis longtemps son système tout fait sur le siège de l'âme, comme on le voit par sa correspondance, et il n'était pas homme à changer si vite. La raison qui le décide est que la glande pinéale occupe à peu près le centre du cerveau. Selon Chrysippe aussi, l'âme doit résider dans le cœur, parce qu'il est au centre du corps, et Galien raille même les partisans de cette doctrine en leur faisant remarquer qu'à ce compte ce devrait être l'ombilic, qui est beaucoup plus central que le cœur. La glande pinéale est immobile à sa place et comme emprisonnée dans une sorte de réseau fibreux qui l'enveloppe de ses mailles ; n'importe, l'âme est mobile, dit Descartes, la partie où siège l'âme doit l'être aussi, et le voilà qui se figure la glande pinéale se dressant, s'inclinant à droite ou à gauche, s'agitant sur sa tige, « parce que cela doit être ainsi. »

Descartes avait beaucoup disséqué dans sa vie. On peut dire qu'il eut le sentiment très vif qu'il fallait demander à la conformation des organes le secret de la nature de l'homme ; mais ce sentiment fut toujours faussé en lui par la présomption magistrale du métaphysicien. On connaît l'anecdote de sa maison d'Eymond. Il y fut visité par un gentilhomme qui lui demanda à voir sa bibliothèque, et qui le pria de lui dire quels étaient les livres de physique qu'il estimait le plus, et dont il avait fait sa lecture ordinaire. Descartes, pour satisfaire la curiosité du visiteur, le conduisit dans une salle qu'il avait fait disposer pour la dissection, et, tirant un rideau, lui montra un fœtus de vache et ses scalpels tout prêts. « Voilà, lui dit-il, ma bibliothèque, voilà l'étude à laquelle je m'applique le plus maintenant. » Son historien Baillet prend soin d'observer que cette réponse n'avait « rien d'indigne de l'état de M. Descartes. » Toujours est-il qu'elle fit grand bruit, les uns la mettant au rang des plus rares apophthegmes, les autres n'y voyant que le témoignage de la plus aveugle suffisance. Oui, en effet, c'est bien là le livre ; mais il fallait savoir y lire, et en l'ouvrant Descartes s'était d'avance fermé les yeux. Plus jeune, il avait fort bien étudié l'œil, parce qu'il n'eut d'autre préoccupation que d'y voir un appareil de physique ; il étudia tout aussi bien le cœur, la machine qui pousse le sang. Par malheur, si la *caméra* de l'œil, le cœur avec ses soupapes, parlaient clairement à l'esprit du géomètre, le métaphysicien, déraisonne en face du cerveau, au point qu'on en reste confondu. Les notes de Descartes retrouvées dans les papiers de Leibniz attestent l'importance qu'il donnait aux études anatomiques, mais aussi une impuissance particulière de ce génie, auquel, par un singulier caprice de la nature, la biologie devait rester une science absolument fermée. Ses admirateurs disent qu'il a excellé dans l'analyse des passions ; ils oublient qu'il faut à cette étude une base solide qu'on n'avait point alors. Il n'est plus à craindre que les conquêtes à venir ajoutent à l'écroulement déjà complet de tout ce qui touche aux sciences de la vie dans les œuvres de l'immortel géomètre.

La glande pinéale n'est pas même de nature nerveuse ; c'est bien réellement une glande comme celles qui sécrètent la salive ou la bile. Elle n'a donc rien à faire, au moins directement, avec les phénomènes purement nerveux du cerveau. C'est dans la couche de substance grise étalée à la surface de celui-ci que les physiologistes s'accordent aujourd'hui assez généralement à placer le siège, de tous ces actes conscients que nous ne pouvons définir, et que nous désignons tant bien que mal par les noms de pensée, mémoire, imagination, raisonnement, volonté, réminiscence, rêverie, rêve. La médecine sait très bien que l'affaissement intellectuel de la vieillesse, l'imbécillité qui succède à l'abus des liqueurs fortes, beaucoup de cas de folie, sont marqués par une altération profonde dans la structure intime de cette couche grise superficielle. Les données de l'anatomie ne sont pas moins concordantes, et nous voyons encore ici de quelle utilité peut être, pour l'analyse des phénomènes intellectuels, cette direction des fibres que Gall regardait comme si importante. Le siège de tous les actes intellectuels que nous venons d'énumérer, intermédiaires pour la plupart aux perceptions venues du dehors et aux réactions de notre volonté sur le dehors, devait nécessairement se trouver dans une masse de substance grise reliée d'une part aux couches optiques et d'autre part aux corps striés : c'est précisément le cas pour la surface des circonvolutions, doublement rattachées en effet par une infinité de fibres aux centres perceptifs (couches optiques) et aux centres volontaires (corps striés), qui ne sont au contraire nulle part directement reliés entre eux.

Gall n'avait donc pas absolument tort quand il faisait dépendre de l'état de la surface du cerveau la capacité intellectuelle des individus. Nul à la vérité ne songe plus aujourd'hui à cette géographie pleine de fantaisie que lui et son disciple Spurzheim avaient imaginée à la surface du crâne. La phrénologie ainsi comprise est bien une science morte. Certains faits sembleraient même indiquer que telle ou telle part dans ce qu'on appelle l'*intelligence* ne réside pas en un lieu plutôt qu'en un autre à la surface des circonvolutions, et que l'ensemble des facultés peut rester intact dans une portion quelconque, du tout. La métaphysique ne manquera pas de faire valoir cet argument, qui semble en effet plaider en faveur d'une sorte d'indépendance de l'âme et de l'organe qui n'en serait que l'instrument ; mais la recherche scientifique n'a point à se préoccuper des conséquences qui résulteront de ses découvertes, il lui suffit que les faits qu'elle constate soient exacts. Or on a vu des malheureux, après des blessures qui avaient déchiré la surface du cerveau et labouré les circonvolutions, garder, au moins en apparence, leurs facultés entières, se tenir sur leur séant, parler, répondre aux questions qui leur étaient faites, raconter leur aventure, tandis que le médecin recueillait dans la plaie des débris de leur cervelle. On a, dit-on, observé des guérisons de semblables blessures. Il importe seulement de remarquer, avant de juger de pareils faits, combien il peut être difficile de décider si les facultés intellectuelles d'un homme ainsi guéri sont restées bien exactement ce qu'elles étaient avant la blessure ; d'autre part, l'attention a été tout récemment rappelée sur une localisation possible des facultés intellectuelles par une curieuse maladie « bien connue maintenant des médecins sous le nom d'*aphasie*. Un homme perd tout à coup la faculté d'exprimer par la parole ce qu'il pense, et cependant il n'est pas devenu muet, les organes de la voix sont intacts, car il a parfois une phrase qu'il répète sans cesse, et qui atteste l'intégrité de l'appareil vocal. On a soigneusement relevé ces phrases ; dans un cas, c'était : « il n'y a pas de danger ; » dans un autre : « ah ! mon Dieu ! que ma main ;... » mais il est impossible au malade de dire autre chose, il comprend pourtant le sens des mots qu'on lui dit, ou qu'on lui donne à lire, ses facultés paraissent intactes ; il sait qu'il parlait auparavant, il veut parler, et tout son effort aboutit à cette phrase fatale qui sort de sa gorge chaque fois qu'il va répondre les mots qu'il a dans la tête, et qu'il connaît, puisqu'il les reconnaît quand il les entend ou les voit écrits. Il y a une lacune dans l'enchaînement naturel des actes nerveux. Entre cette volonté qui commande et les nerfs qui doivent exécuter, un de ces centres aux fonctions mystérieuses qui transforment la volonté en incitations motrices pour les muscles est évidemment supprimé, altéré. Toute explication de ce qui se passe dans l'aphasie est vaine, précisément parce que nous ignorons absolument la nature et le siège des transformations qui séparent la volonté du mouvement voulu. Nous constatons un trouble dans l'enchaînement des actes nerveux ; mais nous ignorons quelle est la lésion et où elle est. Un philosophe moderne, en rapportant le cas non moins curieux d'un vieux prêtre qui était incapable de prononcer distinctement deux mots ayant un sens, mais qui pouvait d'un trait, si on l'y provoquait en rappelant les premiers mots, réciter la fable de La Fontaine — *le Coche et la Mouche*, ou le célèbre exorde du père Bridaine, parle de mécanisme mnémonique resté sain sur un point qu'il suffisait d'exciter pour le faire entrer en action. » Cette explication ne saurait satisfaire les physiologistes, qui ont au moins pour eux d'avouer hautement sur ces sortes de choses leur absolue ignorance. Au lieu de chercher à expliquer l'aphasie, ils se sont attachés à rechercher s'ils ne trouveraient pas quelque altération constante dans un point déterminé de la substance grise qui leur permît de dire : « Par ici passe l'effluve partie de la volonté qui va se traduire en mouvements aptes à produire le langage articulé ; c'est ici qu'une des transformations ou des transmissions nécessaires ne s'accomplit pas. »

    C'est peut-être abuser que d'invoquer encore une comparaison empruntée à l'électricité. Supposons sur une table, devant un observateur ignorant, les deux extrémités d'un circuit télégraphique : d'un côté la touche, qu'il suffit de presser pour établir le courant, et de l'autre l'aiguille, qui indiquera le retour du courant ; mais les deux appareils ne sont pas directement reliés l'un à l'autre. Le circuit passant par un lieu éloigné, inaccessible à notre observateur, est formé d'un système continu d'appareils s'influençant les uns les autres, mais tous différens les uns des autres. Le premier, si l'on veut, est un barreau que le courant produit va aussitôt aimanter. Celui-ci à son tour met en jeu un nouvel appareil qui un peu plus loin fait avancer l'aiguille d'une horloge, et l'on peut continuer ainsi indéfiniment : l'aiguille, en passant sur un point du cadran, établit derechef un nouveau courant qui fait virer le miroir d'un galvanomètre comme ceux qu'on emploie dans les télégraphes transatlantiques, le rayon lumineux pourra être projeté de la sorte sur un mélange gazeux qu'il fera détoner, et dont l'explosion sera la source d'un nouveau courant qui rentre enfin dans l'appartement où nous avons laissé l'observateur, et dévie l'aiguille qu'il a sous les yeux. Il voit donc revenir à lui le courant qu'il a transmis, il a conscience de l'acte initial en pressant la pédale, il constate l'acte final en voyant la déviation de l'aiguille, voilà tout ; mais il ignore à la fois le nombre et la nature des transformations qu'a subies le courant dans tous ces appareils, qu'il ne connaît même pas de nom, et s'il arrive que la transmission d'une extrémité à l'autre du circuit se fasse mal ou incomplètement, qu'on lui demande d'expliquer ce défaut, il sera dans l'impossibilité la plus absolue de répondre. Le cas de cet observateur est un peu le nôtre en face des actes cérébraux qui séparent la volonté de l'exécution régulière des mouvements. Nous avons conscience de l'acte initial, nous voyons le phénomène ultime ; mais tout ce qui les sépare est pour nous l'inconnu par excellence, et nous n'avons pas à en disserter. Il est puéril de chercher à expliquer ce qui se passe dans des appareils dont le fonctionnement ne peut pas même encore avoir un nom pour nous.

Il suffisait qu'il fût établi que l'enchaînement des actes nerveux se fait par la voie des conducteurs reliant les unes aux autres les différentes parties du cerveau, pour donner à penser que les différences intellectuelles des individus pouvaient tenir aux combinaisons plus ou moins nombreuses du réseau cérébral. On avait d'abord songé à rapporter l'intelligence à la masse du cerveau. Celui de Cuvier, qui se trouva être d'un poids extraordinaire, était un exemple souvent cité. Il fallut renoncer à cette opinion, qui ne pouvait se soutenir : on trouva pour la combattre d'autres exemples tout aussi illustres et probants. Le nombre et le dessin compliqué des circonvolutions à la surface de l'organe furent invoqués à leur tour sans plus de succès. Un professeur de Munich a réuni dans le petit musée physiologique de l'université le moule exact des cerveaux d'un grand nombre de personnes dont on connaît bien la biographie. Ce sont pour la plupart des professeurs ou des habitants de la ville, entourés durant leur vie d'une certaine notoriété. Lui-même, nous faisant les honneurs de sa collection, nous montrait parmi tous ces moules celui qui était le plus remarquable par l'abondance et le beau dessin de ses circonvolutions, sans doute le cerveau de quelque doyen ou de quelque recteur illustre ? C'était le cerveau d'un savetier bien connu à l'université de Munich, mais seulement par le bon marché qu'il faisait payer aux étudiants le ressemelage de leurs grandes bottes à canon.

Si le poids ou la grossière configuration extérieure du cerveau ne nous apprend rien, il n'en serait sans doute point de même de la structure intime. Malheureusement il est à peu près impossible d'apprécier, même au microscope, les variétés qu'elle peut présenter d'un individu à l'autre, par exemple le nombre des cellules nerveuses, la perfection ou l'insuffisance de leurs rapports mutuels, la direction des fibres qui les relient. Et cependant, malgré l'impuissance où nous sommes de discerner de la sorte le cerveau d'un homme de génie de celui d'un sot, c'est à la notion d'une différence de ce genre que nous ramène forcément tout ce que nous savons de positif sur le système nerveux, — qu'on regarde d'ailleurs, avec l'ancienne philosophie, le cerveau comme un instrument plus ou moins bon au service d'une intelligence égale chez tous, ou, avec les biologistes, l'intelligence comme plus ou moins parfaite selon le degré de perfection de l'organe. Quoi qu'il en soit, sans prendre parti entre les deux opinions, on conviendra toutefois que le fonctionnement régulier des facultés intellectuelles doit évidemment tenir avant tout à l'agencement réciproque des parties, cellules ou tubes qui composent le cerveau ; mais beaucoup d'autres causes ayant une influence passagère peuvent aussi intervenir. Si le cours du sang vient à être suspendu, s'il cesse de baigner la substance nerveuse, l'intelligence tout à coup s'éteint dans une syncope semblable à la mort, et, si le sang arrive au contraire chargé de certains principes dits *enivrants*, tels que le haschich, l'opium, l'alcool, la belladone et une foule d'autres, ces corps, altérant par leur présence la constitution chimique de la substance nerveuse, en troublent pour un temps les fonctions. La moindre compression sur la substance grise a un effet tout aussi direct et provoque l'évanouissement ; l'idiotie enfin, l'idiotie elle-même n'a peut-être qu'une origine toute mécanique. La boîte du crâne où est enfermé le cerveau est composée d'un certain nombre d'os qui restent indépendants les uns des autres jusqu'à l'âge où le cerveau lui-même a fini de croître ; mais il arrive parfois que de bonne heure ces os se soudent et empêchent ainsi tout développement du cerveau, enfermé de la sorte dans un espace trop étroit pour les dimensions qu'il doit avoir. Dès lors l'instrument est faussé, disent les philosophes, et ne peut plus rendre aucun service ; dès lors, disent les biologistes, les rapports nécessaires n'existent plus dans la structure intime de l'organe pour le jeu de la fonction à laquelle il était destiné. Il est singulier que la physiologie n'ait point encore songé à produire artificiellement l'idiotie chez les animaux. Personne ne doute plus aujourd'hui que les animaux aient une intelligence, moins parfaite que la nôtre sans aucun doute, mais pouvant être cependant comparée à la nôtre. Ils ont nos passions : ils aiment, haïssent, se souviennent, ils ont parfois de l'esprit, même sans emprunter celui du fabuliste ; ils rêvent, ceci est hors de doute ; il en est qu'on peut certainement regarder comme atteints de folie, d'aucuns s'enivrent à plaisir. Il serait probablement facile de faire à volonté des animaux idiots en arrêtant le développement de leur tête, comme les Chinoises se font des pieds monstrueux avec des souliers de plomb qui en gênent la croissance.

Il est certain que le nombre des cellules nerveuses, des tubes blancs, de tous ces éléments microscopiques dont le cerveau est bâti, augmente jusqu'à un certain âge. Il s'établit donc, à mesure, que nous avançons dans la vie, des connexions nouvelles entre les différentes parties du cerveau : il est assez naturel de supposer que ce perfectionnement de l'organe est lié au développement de nos facultés. Il n'est pas non plus déraisonnable d'admettre que des connexions du même genre continuent de s'établir dans tel sens plutôt que dans tel autre à mesure que nous exerçons une faculté donnée, comme les muscles d'un artisan deviennent avec le temps mieux agencés pour le travail journalier qu'ils doivent faire. Nous n'avons point à la vérité et n'aurons de longtemps la preuve, directe qu'il en soit ainsi, — que peu à peu, nos travaux intellectuels, les aptitudes que nous nous efforçons de développer en nous, entraînent des modifications plus ou moins profondes dans la structure intime de la substance grise ou blanche de notre cerveau. Cette supposition pourrait même sembler absolument gratuite, si un fait bien connu ne venait démontrer qu'il en doit être ainsi. L'*hérédité*, cette réapparition chez le descendant des traits on de tout autre caractère physique de l'ancêtre, ne s'explique pas. C'est encore une de ces propriétés des corps vivants qu'il faut se borner à constater ; mais l'hérédité transmet aussi bien, — les exemples abondent, — les aptitudes intellectuelles que les traits du corps. Or il est bien difficile, quelque bonne volonté qu'on y mette, d'expliquer autrement que par l'hérédité d'une structure *matérielle* la reproduction chez le descendant des qualités, morales ou intellectuelles acquises par l'ancêtre ; l'hérédité reliant l'une à l'autre par la génération deux « âmes, » deux essences purement spirituelles, est une sorte de non-sens métaphysique, tandis qu'elle est toute naturelle, appliquée aux traits profonds du cerveau comme à ceux de la physionomie. Bibles biologistes veulent voir dans cette modification transmise la source même de la ressemblance dans les aptitudes et les facultés de deux générations, les partisans d'une opinion contraire ne seront pas non plus à court d'explications. Comme l'instrument sous l'archet d'un maître, le cerveau, exercé peu à peu, rend davantage, il devient plus souple, plus vibrant sous certaines notes. Ces qualités, toutes matérielles, sont celles qui se transmettent, et l'instrument reparaît à la génération suivante plus propre à rendre le même son, manié par une intelligence invariablement égale à elle-même chez tous les hommes. S'il est vrai que le cerveau, comme les autres organes, puisse être de la sorte modifié par l'exercice habituel d'une faculté ou d'une aptitude, et que ses modifications soient héréditaires, on peut par ces deux seuls faits expliquer l'*instinct*.[1]

Section V

On a déjà remarqué combien la théorie de ces transformations successives des contacts extérieurs en sensations inconscientes, de celles-ci en perceptions, et ainsi de suite en idée, en volonté, jusqu'à la mise en action de nos muscles, combien cette théorie est en harmonie avec les découvertes physiques récentes sur la transformation des forces. Pour peu qu'on prête quelque attention à cet enchaînement physiologique, il y a ici plus qu'une simple analogie. Aux deux extrémités du circuit parcouru par l'influx nerveux, nous trouvons le monde extérieur. Revenons à l'exemple du supplicié, toujours bon, parce que là les choses se présentent avec une grande simplicité relative. Sa main est étendue immobile sur la table : on approche vivement un fer rouge, elle se retire, elle fait un mouvement où l'on peut voir l'équivalent mécanique du calorique dégagé par le métal. Toutefois la transformation n'est pas directe, elle a passé par deux actes nerveux au moins dans la moelle. Le calorique dégagé est devenu d'abord sensation inconsciente, puis, excitation motrice, puis mouvement. La transformation, immédiate dans le monde matériel, est donc médiate à travers l'organisme ; mais elle n'en est pas moins réelle. Les actes nerveux ne seraient en définitive que des transformations d'une nature particulière, des forces du monde physique. Il s'en faut que le problème se pose aussi simplement que nous le montrons ici ; cependant il semble que la solution ne peut faire doute. Que l'impression extérieure, — celle du calorique ou toute autre, peu importe, — aboutisse à un mouvement involontaire sur le supplicié, ou à une perception consciente chez l'homme qui a sa tête sur les épaules, l'acte nerveux dans l'un ou l'autre cas n'en représente pas

---

[1] Voyez, dans la *Revue* du 15 mai 1869, *le Spiritualisme dans la science*, par M. Auguste Laugel.

moins un équivalent des forces qui régissent le monde physique. Tout mouvement musculaire (nous prenons ici le fait simple, mais on en pourrait dire autant des sécrétions, de la transpiration, etc.) peut donc être considéré comme une restitution au dehors, sous forme d'équivalents mécaniques, de toutes les influences reçues du dehors sous forme d'impressions ; mais, une fois lancés dans cette voie, les physiologistes n'avaient plus de raison de s'arrêter. Poussant jusqu'au bout leurs déductions, ils se sont demandé si tous les actes nerveux intermédiaires, la pensée, l'imagination, ne devaient point être considérés comme faisant partie de séries continues dont le point de départ se rattacherait toujours à une impression du dehors, et dont le point terminal serait fatalement une action sur l'extérieur. À la vérité, on ne veut point dire qu'il y ait toujours, d'une extrémité à l'autre du circuit, enchaînement régulier. L'acquit des impressions est parfois considérable, comme dans une lecture, dans l'audition d'un morceau de musique, et la dépense nerveuse parfois considérable aussi dans des actions où nous ne la soupçonnons pas, telles que la marche. Nous ne levons pas le pied sans que des milliers d'incitations parties des centres nerveux aillent éveiller la contraction de nos muscles ; nous ne nous tenons pas debout et droits sans un travail du cerveau. Cette activité cérébrale est à la vérité inconsciente dans les exercices du corps, elle est néanmoins bien réelle : elle explique comment le cerveau, après une fatigue musculaire, a besoin, comme après un grand travail de tête, de se reposer dans le sommeil.

Mais la question importante n'est pas même de savoir si toutes les impressions nerveuses aboutissent plus ou moins vite, plus ou moins tard, à des actes volontaires, si toutes sont rendues au dehors : il est certain qu'elles le sont, au moins en partie. C'est l'autre face du problème qui est intéressante. Toutes nos pensées font-elles nécessairement partie de ces séries continues ; l'imagination, les idées les plus abstraites ne sont-elles toutes que les résultats plus ou moins directs des impressions extérieures ; en un mot, l'ancien axiome : « il n'y a rien dans l'esprit qui n'ait été dans les sens, » est-il l'expression d'une vérité physiologique ? Ou tout au contraire ces actes cérébraux intimes peuvent-ils spontanément prendre naissance en un point quelconque du circuit, la substance grise puisant dans l'apport de sang des principes nutritifs suffisant à son activité propre en dehors de toute excitation ? Les physiologistes sur ce point capital sont divisés.

Ceux qui soutiennent que la source de nos idées est dans les seules impressions venues du dehors font valoir le nombre infini de celles-ci, dont nous n'avons pas conscience. Pendant que j'écris, tous les bruits de la rue arrivent à mon oreille, ébranlée par eux ; elle les recueille donc, et cependant je ne les entends pas. Deux causeurs discutent dans une promenade champêtre quelque difficulté ardue de linguistique par un magnifique coucher de soleil, ils ne le voient pas, et cependant sur leur rétine s'est peint exactement tout le panorama des splendeurs déroulées devant eux. Qui sait si plus tard un des deux causeurs, historien séduisant, ne retrouvera pas quelque jour dans son imagination le brillant tableau recueilli par ses yeux seuls ce jour-là ? À chaque instant, tous nos sens sont assiégés par une cohue d'impressions dont l'immense majorité n'est point perçue. Que deviennent-elles ? car la rétine, l'oreille, impressionnées, ont dû réagir au dedans de nous de façon ou d'autre : admettre le contraire serait la négation même de cette loi de la permanence des forces à laquelle de plus en plus nous voyons la vie soumise, aussi bien que le monde physique. On peut donc supposer qu'elles suivent dans le système nerveux un circuit différent de celui qui en eût fait des perceptions, et qu'elles restent emmagasinées quelque part, comme les faits gardés par la mémoire, avec cette différence, que nous n'avons ni la conscience, ni la libre disposition de cette richesse ; puis sous des influences inconnues, à un moment déterminé, elles rentrent comme un télégramme égaré dans le courant des actes nerveux dont nous sommes conscients, soit qu'elles reviennent groupées dans l'ordre naturel où elles ont été reçues, ce sont alors des *réminiscences*, — soit qu'elles reviennent en désordre et dans une absolue confusion, c'est alors le délire, le *rêve*.

Les partisans de l'opinion opposée, ceux qui croient que telle ou telle portion de la substance grise peut entrer d'elle-même en activité par une sorte d'automatisme fonctionnel, n'ont plus à tenir le même compte de ces impressions inconscientes sur lesquelles repose le système de leurs adversaires. Une région quelconque du cerveau, au lieu d'avoir pour simple rôle de transformer une impression reçue, peut par sa vertu propre être le point de départ d'un acte nerveux de même nature, mais spontané, qui se transmet ensuite régulièrement dans le reste du circuit. Le désordre et la déraison des rêves semblent plus favorables aux partisans du retour des impressions latentes ; l'hallucination, toujours logique, toujours mêlée à la réalité du monde extérieur, semble mieux expliquée, — peut-on appeler cela expliquer ? — par la théorie de l'*automatisme* cérébral. Dans l'hallucination, la perception du monde extérieur est intacte ; mais à celle-ci vient s'en joindre une autre, tout aussi *réelle* en tant que perception, — dont la source n'est plus dans les sens : les trompeuses images du rêve, ne nous en imposent point, tandis que la victime d'une hallucination reste la plupart du temps convaincue. Il n'en peut pas être autrement : l'acte perceptif, *spontané*, dont la couche optique est le siège, affecte notre sens intime exactement de la même manière que l'acte perceptif *provoqué*. C'est par habitude et par erreur que nous reportons aux organes de nos sens la fonction même d'une partie du cerveau. L'œil, l'oreille, véritables instruments de physique, ne peuvent pas recevoir du monde extérieur autre chose, que des impressions rigoureusement exactes : l'œil, pas plus que l'objectif du photographe, ne peut se tromper. Si c'était l'œil qui voyait, il n'y aurait pas d'erreur du sens de la vue, il serait infaillible comme le tain d'un miroir. La fonction de l'œil est simplement de fournir au cerveau une image rigoureusement exacte du monde extérieur. Cette image, la couche optique l'interprète bien ou mal : nous voyons juste dans le premier cas ; dans le second, nous nous trompons, mais nous pouvons voir sans elle. C'est pour cela que nous voyons en rêve, alors que les yeux sont fermés. Œdipe, qui s'est arraché les yeux pour se cacher la vue de ses forfaits, reverra dans son sommeil, et peut-être dans ses veilles troublées, le visage de ses victimes et les dalles sanglantes des palais de Thèbes. On se trompe quand on dit que l'halluciné *croit* voir ou entendre ; il voit, il entend bien réellement, et l'église, d'accord sur ce point avec les physiologistes contre le scepticisme ignorant, a raison de croire à la parfaite sincérité des témoins de certains miracles. Les physiologistes croiront par exemple, et croiront fermement que l'héroïne du miracle de Lourdes, la petite Bernadette, a vu « la belle dame » qu'elle a dépeinte dans ses premiers récits. Comment douter de la véracité de l'enfant ? Rien n'est mystérieux dans son histoire ;

Georges Pouchet

quinze jours durant, elle revoit l'apparition, non pas seule, au fond de quelque sanctuaire, mais devant des milliers de spectateurs, à la grande lumière du soleil, car la grotte est à peine une excavation de roche. L'incrédulité a même tort parfois d'attribuer ces visions à un état maladif. Tout au plus Brutus était-il fatigué quand il vit au milieu de la nuit, pendant qu'il travaillait à la lampe, entrer sous sa tente et venir à lui ce spectre terrible qu'il eut le courage d'interroger. Le général romain et la paysanne ignorante, l'érudit qui annote Polybe et la petite fille dyspeptique des Pyrénées éprouvent le même phénomène cérébral, l'entrée en activité spontanée des centres perceptifs. Les deux apparitions offrent même un rapprochement, assez curieux et en tout cas fort rare. Toutes deux donnent un rendez-vous ? la Vierge fait promettre à Bernadette de revenir, le spectre annonce à Brutus qu'il le reverra dans les plaines de Philippes.

Le merveilleux de toutes ces histoires *vraies* tient à l'ignorance où nous sommes pour la plupart des notions biologiques les pus élémentaires ; on les néglige beaucoup trop dans l'éducation. Il est temps qu'elles se répandent par des livrée comme ceux qui ont vulgarisé depuis quelques années les récentes conquêtes de la physique, de l'astronomie, de l'histoire naturelle. L'Angleterre par ce côté est plus avancée que nous, et tout récemment un de ses savants les plus distingués, M. Hunley, n'a pas dédaigné d'écrire un petit traité de physiologie à l'usage des gens du monde, et il ne manque pas de consacrer tout un chapitre à cette question des perceptions *provoquées* et des perceptions automatiques ; il raconte même à cette occasion l'histoire d'une dame instruite, très courageuse et fréquemment exposée à des perceptions spontanées fort singulières, qu'elle était cependant arrivée à dominer. Plusieurs fois, elle crut voir, elle vit réellement son mari devant elle alors qu'elle le savait loin. Elle le voyait si bien, que le fantôme cachait les meubles du salon en passant devant eux. Et, ajouté M. Hunley, sans le Courage exceptionnel et l'intelligence lucide de cette dame, qui raisonnait ensuite et se persuadait de son erreur, quel beau thème à l'histoire de revenants du genre le plus parfaitement authentique ! La conclusion que tire le savant anglais de cas faits biologiques intéresse au plus haut point le moraliste : ils démontrent que l'affirmation la plus positive du plus irréprochable témoin peut être tout à fait insuffisante pour établir la *réalité* d'une chose que ce témoin déclare avoir vue, entendue ou touchée.

Les organes de nos sens ne nous donnent qu'une traduction plus ou moins exacte du monde qui nous enveloppe. Nos centres perceptifs en peuvent spontanément évoquer un autre tout imaginaire : c'est au milieu de cet océan d'erreurs que se débat l'esprit humain.

Section VI

Les astronomes s'étaient aperçus depuis longtemps déjà qu'une même sensation lumineuse, frappant l'œil de deux observateurs, n'est pas saisie par tous deux juste au même moment. Ils observent le moment où un satellite va disparaître derrière Jupiter ; quelque soin qu'ils y apportent, ils ne pointeront pas le contact au même instant précis, et, s'ils recommencent, l'écart entre leurs observations restera le même : un des deux astronomes retardera toujours, quoi qu'il fasse, ou avancera sur l'autre à peu près de la même fraction de seconde. Comme il n'était pas possible de supposer que le rayon lumineux mît un temps différent pour traverser la lunette du l'œil de chaque observateur, force fut de reporter à des différences dans la rapidité des actes nerveux ces *erreurs personnelles* dont on tient compte dans les calculs astronomiques. Il est assez naturel, quand on y réfléchit, que des fonctions intimement liées aux conditions matérielles d'un organe, fût-il le cerveau, présentent, comme l'organe lui-même, des variétés appréciables d'un individu à l'autre. De là à mesurer le temps nécessaire aux différents actes nerveux, même ceux du sens intime, il n'y avait qu'un pas. Récemment un physiologiste d'Utrecht, M. Donders, a entrepris la construction de deux appareils, aussi ingénieux que délicats, destinés, selon ses propres expressions, l'un « à mesurer la durée de certaines opérations de l'esprit, » l'autre « à mesurer le minimum de temps nécessaire à la production d'une idée ; » M. Donders a donné à ses instruments deux noms barbares comme la plupart de ceux qu'on fait avec la langue la plus harmonieuse du monde ; il appelle l'un *nématochographe* et l'autre *nématochomètre*. Le premier est tout simplement un appareil enregistreur adapté à la mesure de fractions de durée infiniment courte ; un mouvement d'horlogerie imprime à un cylindre noirci à la fumée une rotation rapide ; une barbe de plume, fixée à la branche d'un diapason qu'on fait vibrer, trace sur le cylindre en marche une ligne onduleuse. La note du diapason donne le nombre d'ondulations pour une seconde ; chaque ondulation représente par conséquent une fraction de seconde correspondante : on arrive à mesurer ainsi des quatre-centièmes et des cinq-centièmes de seconde. Maintenant veut-on savoir le temps que met le cerveau à percevoir une impression produite sur un de nos sens par une piqûre, la lumière d'une étincelle ou un son bref, peu importe, l'appareil est disposé de façon que le phénomène qui affecte le toucher, l'œil, l'oreille, s'enregistre au même instant sur le cylindre noir à côté de la ligne onduleuse inscrite par le diapason. La personne qui fait l'expérience doit, aussitôt l'impression ressentie, presser d'un léger mouvement de doigt une détente qui marque sur le cylindre tournant un second trait. Le nombre d'ondulations qui le séparent du premier indique la fraction de seconde écoulée, c'est-à-dire le temps nécessaire à l'impression pour se propager, devenir perception consciente, et provoquer l'acte volontaire transmis à son tour jusqu'aux muscles. Or, la dernière portion du circuit à partir de l'acte volontaire restant toujours semblable à elle-même, on conçoit que M. Donders ait pu, en variant l'expérience, arriver à découvrir si une sensation lumineuse est plus vite perçue qu'une sensation acoustique ou une sensation tactile.

Le nématochographe, dans ce cas, mesure donc une opération fort complexe ; mais il n'en est plus de même dans l'expérience suivante : au lieu d'une sensation simple dont le sujet n'a qu'à bien accuser la perception, il s'agit maintenant de résoudre un dilemme. La personne en expérience est placée dans l'obscurité, une lumière doit éclater, elle sera rouge ou verte, et, suivant le cas, la main droite ou la main gauche donnera le signal de réponse. L'ensemble de ces opérations intellectuelles demande à la vérité beaucoup plus de temps ; mais, comme on retrouve ici tous les éléments de la première expérience, il suffit de déduire la durée de celle-ci pour savoir le temps qu'a mis le cerveau à décider que la lumière était rouge et non verte, et que telle main et non l'autre devait agir. C'est ce que M. Donders appelle « le temps nécessaire pour l'acte psychique d'une distinction faite. »

Section VI

Le second instrument, le nématochomètre, est destiné à une analyse encore plus intime, si c'est possible, des phénomènes intellectuels. Il sert, ce sont les expressions de l'inventeur, « à mesurer le temps d'une pensée simple. » La pensée simple sera celle-ci par exemple : deux sensations, l'une acoustique, l'autre lumineuse, arriveront au cerveau presque en même temps ; laquelle aura précédé l'autre ? L'appareil n'est plus construit sur le même principe que le premier : un poids tombe sur un timbre, et donne en même temps une étincelle. L'intervalle entre le son et la lumière, quoique infiniment court, doit être cependant toujours déterminé avec une rigoureuse précision ; de plus on doit pouvoir à volonté le faire varier. L'instrument ainsi réglé, on cherche de quelle quantité il faut espacer l'étincelle et le son du timbre pour que l'esprit décide s'il y a eu antériorité de l'une sur l'autre. Ce temps donnerait, d'après M. Donders, le temps nécessaire à une idée simple, *l'idée d'antériorité*. Que le physiologiste d'Utrecht ait atteint ou non le but qu'il poursuit, sa tentative n'est pas moins une des plus intéressantes qui aient jamais été faites dans l'analyse des phénomènes de la vie. Pour la première fois, les actes cérébraux intimes, l'intelligence, étaient soumis aux instruments et au calcul. Peut-être un jour découvrira-t-on qu'il y a une véritable « lenteur d'esprit » comme il y a une faiblesse musculaire ; peut-être aura-t-on la preuve expérimentale que d'autres cerveaux, dans les opérations les plus simples, ont une rapidité d'appréciation, une vivacité de décision dont les instruments de l'avenir nous donneront la mesure *chiffrée*. On ne sait plus où l'on pourra s'arrêter dans la voie tracée par l'éminent physiologiste avec ses instruments aux noms baroques.

Pendant que la physique envahit ainsi le domaine de l'ancienne métaphysique, probablement fort étonnée de cette intrusion, la chimie de son côté n'est point restée en arrière. C'est une loi constante en biologie que la manifestation d'une propriété vitale quelconque, telle que la sécrétion d'une glande, la contraction d'un muscle, soit forcément accompagnée d'un changement chimique dans le tissu qui fonctionne. La substance nerveuse ne fait certainement pas exception à cette loi générale et absolue. Il n'est pas douteux que l'action de penser, de réfléchir, de grouper des idées ou des raisonnements, ne soit accompagnée d'une modification plus ou moins sensible, mais certaine, dans la composition chimique de la substance grise ; mais comment arriver à découvrir celle-ci ? On n'a pas la ressource des animaux. À quoi que puisse songer un lièvre en son gîte, rien ne prouve qu'il songe en effet. La pensée en éveil se traduit quelquefois par des gestes, une attitude ; mais ces signes n'ont rien de certain, et le sommeil le plus calme en apparence peut être hanté par les rêves les plus agités. Seul, chacun a conscience de sa propre activité cérébrale ; c'est donc sur soi-même qu'il faudra opérer. Grave embarras : une recherche sur les fonctions du système nerveux est toujours délicate, minutieuse, même quand on sait bien le but qu'on poursuit. Que sera-ce quand il faudra tout à la fois expérimenter et chercher l'inconnu ! Nous serions sans doute dans l'ignorance la plus complète des modifications chimiques qui accompagnent l'activité intellectuelle sans le dévouement d'un jeune étudiant qui, de parti-pris, s'est soumis pendant un temps assez long à une existence purement expérimentale, comme Santorio dans sa balance. Le fameux médecin de Padoue s'était condamné à se peser presque à chaque heure du jour, à peser chaque aliment, chaque excrétion. Les gravures du temps le représentent assis à table dans une espèce de bascule, regardant l'aiguille qui marque l'augmentation de poids apportée par chaque bouchée, M. Byasson s'est astreint pendant quelque temps à une existence encore plus monotone. Il était parti de ce raisonnement, que le résidu des combinaisons chimiques dont le corps est le siège passe presque tout entier par les reins. C'est donc là qu'il eut l'idée de rechercher si l'activité cérébrale des centres ne se traduirait pas de ce côté par quelque variation dans la nature ou la quantité des produits salins excrétés. Avant toute recherche définitive, son premier soin dut être d'écarter toute cause d'erreur, et de rendre les comparaisons possibles. Pour cela, il fallait donner à sa vie une existence odieusement uniforme. Le jeune expérimentateur s'y soumit avec un courage dont la science lui doit être reconnaissante. Il commença par se séquestrer jusqu'à ne voir personne. Son temps était absolument réglé, et tout le jour partagé entre des occupations fixes et les analyses incessantes qu'il était obligé de faire. Pour toute nourriture, 750 grammes de biscuit, car le pain des boulangers fait chaque jour pouvait varier, — et 1,500 grammes d'eau, dont il avait fait une provision, car les fontaines ne donnent pas toujours la même. Quand ce régime eut amené l'uniformité journalière du jeu des organes, M. Byasson se mit enfin en expérience. Elle dura quatre jours. Les deux premiers, Il se livra à un exercice musculaire intense, mal fait pour occuper l'esprit : bêcher un jardin, monter du bois. Le troisième jour fut donné tout entier à des travaux de l'esprit, des problèmes de géométrie analytiques et la lecture d'un traité de physiologie. Le quatrième jour enfin et le dernier fut consacré à un repos absolu dans le silence et l'obscurité. M. Byasson put s'assurer par des analyses précises que le travail d'esprit du troisième jour s'était traduit par une dépense plus grande qu'avait faite l'économie de certains principes salins différent de ceux que rejette le corps après un exercice musculaire ou le repos absolu. Il se crut donc en droit de conclure que ces principes salins avaient leur origine dans les réactions chimiques dont la substance nerveuse est le siège quand elle fonctionne.

Est-ce à dire que la biologie moderne, qui serre de si près, comme on le voit, les actes nerveux les plus intimes, nous donnera un jour quelconque l'explication des fonctions cérébrales par les simples lois physiques ou chimiques qui régissent les corps non organisés ? Nullement, et nous voudrions accentuer de toutes nos forces cette négation ; il faut qu'on le sache bien, qu'on se pénètre bien de ceci. La physiologie pourra faire toutes les découvertes imaginables sur les rapports, la succession, la durée des actes intellectuels ; elle ne saurait même avoir une opinion sur l'essence de ces actes. Elle les rattache à une propriété spéciale de la substance nerveuse vivante. Elle constate l'existence de cette propriété, et en étudie les effets dans la mesure où ils se manifestent à nous, voilà tout. Chaque tissu dont est composé notre corps a ainsi des propriétés qui lui sont propres tout aussi inexplicables. Un muscle vivant se raccourcit quand il est influencé par un nerf, par l'étincelle électrique. Nous appelons *contractilité* cette propriété qu'il a, mais nous ne savons d'elle, nous n'étudions d'elle que les effets. Nous appelons *élasticité* la propriété en vertu de laquelle une bille d'ivoire déformée en tombant sur un marbre reprend violemment la forme sphérique ; mais ni dans un cas, ni dans l'autre, les noms que nous donnons aux propriétés des corps n'en définissent la nature, et, si notre ignorance en cela pouvait avoir des degrés, les propriétés que nous ; reconnaissons aux corps vivants seraient plus obscures que celles qu'ils partagent avec les corps bruts.

Georges Pouchet

C'est faute d'avoir fait cette distinction nette entre les propriétés communes à tous les corps sans exception, telles que l'étendue, la couleur, l'électricité, et les propriétés spéciales1 aux substances vivantes, telles que la contractilité, la nutrition, la propriété de croître et de se reproduire, qu'on a fait aux biologistes le reproche immérité de chercher dans les lois de la matière brute l'explication de la vie, tandis que tout leur effort tend au contraire à bien délimiter les deux ordres de faits.

Devons-nous, avant de finir, parler de cette assimilation, prêtée à un grand esprit par des écrivains qui ne l'ont pas lu, entre le cerveau et une glande qui *sécrète* la pensée ? Cabanis, comme on peut s'en convaincre par son mémoire présenté à l'Académie en l'an V, n'a jamais rien dit de semblable. Le passage qu'on cite si mal est au contraire des plus significatifs. Cabanis répond à ceux qui prétendent qu'il suffit de ne pas comprendre le fonctionnement de l'intelligence pour la croire avec Platon d'essence divine, qu'à ce compte nous ne sommes point au bout de notre ignorance, et que les mouvements de l'estomac, la digestion des aliments, sont aussi d'essence divine, puisqu'ils sont tout aussi incompréhensibles ; seulement il compare les impressions du dehors à des aliments transmis au cerveau, travaillés, digérés par lui, et qu'il renvoie « métamorphosés en idées que le langage de la physionomie et du geste, le signe de la parole et de l'écriture, manifestent au dehors. » Au temps de Cabanis, on ne pouvait en vérité mieux dire, et la science moderne n'a nullement répudié, comme on l'a vu, cette idée d'une élaboration par le cerveau des impressions extérieures renvoyées au dehors sous une forme nouvelle. D'une comparaison qu'emploie Cabanis pour rendre sa pensée plus claire, on a presque fait une doctrine. Mieux que ceux qui l'attaquent, il savait ce qu'est une glande, et qu'une sécrétion est toujours un corps pondérable, comme la bile. Lui prêter l'opinion qu'il prenait pour telle la pensée, c'est comme lui faire dire par exemple que les muscles sécrètent le raccourcissement et les os la résistance. La pensée, l'imagination, la mémoire, le rêve, la volonté, tout cela résulte d'une propriété spéciale inconnue dans son essence comme toutes les autres, et dont la substance nerveuse est douée. Un Anglais, M. Lewes, a depuis longtemps proposé pour elle le nom de *névrilité* à mettre à côté des mots contractilité, élasticité, etc. Quant à l'essence de cette propriété, comme de toutes les autres, la biologie laisse aux métaphysiciens ce thème commode sur lequel, depuis Platon jusqu'à Descartes, ils écrivent des variations qui ont persuadé le monde. Pour elle, elle envisage non les causes premières, à jamais celées à nos efforts, mais les effets, et dès à présent on peut entrevoir dans ses premières conquêtes sur ce terrain tout nouveau le fondement d'une science nouvelle que l'avenir appellera la *psychologie scientifique*.

www.ingramcontent.com/pod-product-compliance
Lightning Source LLC
Chambersburg PA
CBHW050248230526
45470CB00005B/2173